领读者书系

几何原本

（少年轻读版）

刘 钝◎著

猫先生漫画工作室◎绘

北京科学技术出版社
100层童书馆

图书在版编目（CIP）数据

几何原本 : 少年轻读版 / 刘钝著 ; 猫先生漫画工
作室绘. -- 北京 : 北京科学技术出版社, 2025.
（领读者书系）. -- ISBN 978-7-5714-4565-2

Ⅰ. O181-49

中国国家版本馆CIP数据核字第2025WB8612号

策划编辑：刘婧文　张文军
责任编辑：刘婧文
营销编辑：何雅诗
图文制作：天露霖文化
责任印制：李　茗
出 版 人：曾庆宇
出版发行：北京科学技术出版社
社　　址：北京西直门南大街16号
邮政编码：100035
电　　话：0086-10-66135495（总编室）
　　　　　0086-10-66113227（发行部）
网　　址：www.bkydw.cn
印　　刷：雅迪云印（天津）科技有限公司
开　　本：889 mm × 1194 mm　1/32
字　　数：32千字
印　　张：2.5
版　　次：2025年6月第1版
印　　次：2025年6月第1次印刷
ISBN 978-7-5714-4565-2

定　　价：28.00元

北科读者俱乐部

目　录

能精此书者，无一事不可精；好学
此书者，无一事不可学。

——徐光启

（摘自《〈几何原本〉杂议》）

欧几里得：其人其书

　　《几何原本》是古希腊数学家欧几里得在**距今大约 2300 年前**写下的书。

　　这本书被誉为**科学的"圣经"**。

　　在西方历史上，它一度是每个受教育的年轻人的必读书，到 19 世纪末，它的印量仅次于《圣经》。

"五四运动"领袖们提倡的"德先生"和
"赛先生"，分别指民主（democracy）和科学
（science）。这两个来自西方的概念，强有力地
推动了当时中国新文化运动的发展。

　　相比于这两位"先生"，"欧先生"的年纪
要更大，欧氏几何来到中国的时间也要早得多。

有关**欧几里得**这个人的生平，文献记载得并不是很详细，我们只知道他**是生活在距今约2300年前的一位数学家**，对应的是我们的战国中晚期。他在两个非常有名的地方待过，一个是雅典，一个是亚历山大里亚。

雅典

除了《几何原本》，欧几里得还写过其他书，例如《光学》《数据》。但是最重要的、传播度最广的，还是这本《几何原本》。

亚历山大里亚

《几何原本》的拉丁文译本叫作 *Elementa geometriae*，其中的"Elementa"是元素的意思，但是这个元素并不是指我们今天所熟知的氢、氦、锂、铍、硼等化学元素，而是古希腊人眼中的元素。古希腊人认为，天地万物是由土、火、水、气四种元素（后来又加上了以太）构成的。

几何原本

　　将这本书称作"元素"，其实是表明**书中所讲的内容，就是构成数学世界的最基本的东西**。基于此，才能建成整个几何学的大厦。《几何原本》是整个希腊古典时代的数学集大成之作，是古代演绎推理的杰作，是公理化方法领域的伟大创举，所以它才会被誉为科学的"圣经"。

极简古希腊史

　　刚刚提到欧几里得所写的《几何原本》是希腊古典时代的数学集大成之作，那下面就简单聊聊古希腊的历史，以帮助我们更好地了解欧几里得。

　　古希腊是西方文明的源头之一，西方很多著名的文学、艺术和科学作品都诞生于古希腊。

但严格来说，古希腊并不单指一个国家，而是指包括希腊半岛和地中海沿岸在内的广袤地区，后者包括爱琴海诸岛、小亚细亚沿岸、非洲东北部和亚平宁半岛的南部。

克里特文明

迈锡尼文明

地中海

约公元前1700年 ⟶ 约公元前800年

夏

西周

　　古希腊文明大致经历了三个阶段。第一个阶段是**史诗时代**，大概是从公元前 1700 年到公元前 800 年，对应的是我们的夏朝末年到西周末年。

　　这个时期的古希腊相继诞生了两个最主要的文明。一个叫克里特文明（也被称作米诺斯文明），它发源于地中海的克里特岛，米诺斯是神话传说中该地的统治者；另一个发源于伯罗奔尼撒半岛的迈锡尼城，因此被称作迈锡尼文明。

荷马的两部史诗《伊利亚特》和《奥德赛》讲述的就是在迈锡尼文明最繁荣的时期，国王阿伽门农发动战争的故事。

　　但是，人们对这个时期的了解很少，因为除了这两部史诗和少数史料，几乎没有别的资料流传下来。

约公元前500年

春秋

战国

约公元前300

接着，第二个阶段就是古希腊历史中最重要的古典时代。这个时代对应的是中国的春秋末年到战国末年，也就是从孔子、老子、孟子、庄子，一直到墨子生活的时代。

这个时期，古希腊文明非常发达，在爱琴海的两岸，城邦星罗棋布，甚至在意大利的南部也有古希腊人建立的城邦。其中，最有名的就是雅典。

雅典聚集了很多有智慧的人，当然最有名的就是柏拉图和他的学生亚里士多德。柏拉图的老师苏格拉底也很有智慧，在柏拉图所著的对话录中，很多观点都是从苏格拉底口中说出的，但苏格拉底自己没有留下什么著作。

这个时期无疑是古希腊文明的辉煌时代。

柏拉图　　亚里士多德

苏格拉底

亚历山大
大帝

古典时代之后，大约在公元前4世纪，一股强大的力量在北方的马其顿崛起，马其顿的王太子，也就是后来的亚历山大大帝，率领军队首先统一了整个希腊本土，然后向东、向南挺进，建立了一个横跨欧、亚、非三大洲的庞大帝国。

但是天不假年，亚历山大大帝33岁就去世了。他一手创建的帝国也顷刻分崩离析，一分为三。

其中最重要的一支军队，由他的部将托勒密带领，跑到了地中海南部，如今的尼罗河入海处附近。为了纪念亚历山大大帝，托勒密将这座亚历山大东征时建立的城市命名为亚历山大里亚，里亚也就是城市的意思。

于是，在托勒密的手中，古希腊文化的接力棒从雅典转移到了亚历山大里亚，之后一直持续了近300年，直到托勒密王朝被罗马帝国消灭。

从亚历山大大帝去世到托勒密王朝灭亡的这段时期就是古希腊文明的第三个阶段，又被称作希腊化时代。

亚历山大里亚

地中海

少年　古典时代

成年　希腊化时代

　　欧几里得恰好横跨后面两个时代。他主要生活在希腊化时代的早期，在亚历山大里亚的一个类似于博物院的地方工作。同时他年轻时又曾在雅典学习，深受古典时代的影响。他的著作也是古典时代希腊数学的集大成之作。

在古典时代，柏拉图在雅典的郊区建立了一个学园。现在英文中的"academy"（科学院）一词就源于此学园所在的地名。传说，学园门口的一张告示牌上写着"不懂几何者不得入内"。

由此可见，在当时，几何就是数学的全部，而且在柏拉图的学术体系中占有非常重要的地位。据说，欧几里得也是这个学园的学员。

还有一个传说，托勒密一世曾经觉得几何学这种知识学起来太麻烦了，想要知道有没有什么办法能快点儿学会。但是欧几里得告诉他，**几何学中无王者之路**。

这句话非常经典。它告诉我们，科学的学习过程中是没有捷径的，必须从头开始一步一步学习。

没有捷径吗？

很遗憾，没有。

就像是《几何原本》一开始提到的那些公理和公设，不要觉得它们简单就不认真对待；事实上，只有基于这些内容，你才能读懂几何学。

《几何原本》讲了什么?

《几何原本》的结构

让我们再回到《几何原本》一书。全书一共 13 卷。有的版本中有 15 卷,多的 2 卷其实是后人加的。

这本书也不全由欧几里得所著,所以应该说**由欧几里得编撰**。欧几里得把从泰勒斯,到毕达哥拉斯、泰阿泰德,再到欧多克索斯等直到他为止的数学家的成果进行了整合与梳理。

书中包括 5 条公理、5 条公设，以及 131 个定义和 465 个命题（命题也就是我们常说的数学定理），除此之外还有很多推论。

最重要的 5 条公理和 5 条公设都在第一卷中。除此之外，第一卷到第四卷还包含了很多构建几何学大厦必不可少的定义，例如什么是直线、什么是点，等等，以及一些有关直线、三角形、四边形、圆的命题。

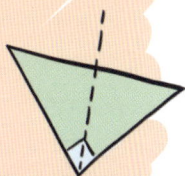

泰勒斯·····

毕达哥拉斯·····

泰阿泰德·····

欧多克索斯

第五卷则讲到了**比例论**。这一理论也非常重要。其实这并不是欧几里得自己的理论，而是由师从柏拉图的欧多克索斯提出的。

　　可是，为什么要引入比例论呢？

　　这是因为，古希腊数学遇到了一个麻烦——无理数。

整数

从我们现在初中阶段所学的数学知识来看，实数可以分为有理数和无理数，有理数是指整数和分数；无理数是指那些无限不循环小数。**不过古希腊人并没有"无理数"这个概念。**

毕达哥拉斯学派认为，宇宙万物的基础都是数，这里的"数"是指整数。也就是说，他们认为，所有的数都可以用整数或者整数之比（也就是分数）表示。

　　直到有一天，毕达哥拉斯学派的一个人发现，一个直角边为 1 的等腰直角三角形，它的斜边（或者说边长为 1 的正方形的对角线）没有办法用整数或分数表示。

　　当然，我们现在知道，这条线的数值是 $\sqrt{2}$。但在当时，人们没办法理解这个数的存在。

因为毕达哥拉斯学派宇宙观的基础就是"万物皆数"，现在突然出现了一个不能用他们认知中的"数"来表达的事物，就意味着**整个数学乃至整个宇宙的根基都被动摇了**。这可是不得了的事情！

并且在此之后，越来越多的不能用整数或整数之比来表达的数被发现，应对这一危机变得迫在眉睫。

$$\frac{a}{b}$$

$$\overset{\displaystyle a \qquad\qquad b}{\underset{\textstyle A \qquad B \qquad\qquad C}{\vert\!\!\text{———}\!\!\vert\text{————————}\!\!\vert}}$$

　　欧多克索斯想了一个办法,他绕过了"数",改用比例来描述这个问题, 例如构成黄金分割的两条线段 AB 和 BC, 它们的长度分别是 a 和 b, 即使 a、b 不是整数, 但黄金分割比依然可以表示成这两条线段长度的比值 a/b。

　　这样, 一个"数"就变成了一个与几何学有关的比例。

但这样做的后果就是，几何与数被分开了。由于几何能够用来表示无理数，因此之后的两千多年里，**几何学几乎变成了严密数学的代名词**，而只研究数字关系的"数学家"在欧洲的名声则不太好，以至于当时没有什么现代意义上的数学家，最聪明的人都被称为几何学家。

第六卷的内容承接第五卷，将比例论的理论运用到相似形上。

第七到九这三卷，讲的是**算术**，包括古希腊的数论。

第十卷最长，有关它的讨论也最多。它的核心是处理**不可公度量***之间的关系，是后面涉及体积、表面积等的复杂问题的基础。

最后三卷讲**立体几何**，包括多面体、球和各种旋转体的表面积与体积等问题。

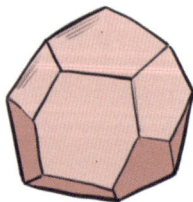

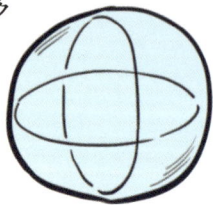

3.1415926……

---

* 对于两个数 A、B，若不存在自然数 p、q 与第三个数 c 使 $A=pc$、$B=qc$ 成立，则称 A 与 B 是不可公度量。

5 条公理和 5 条公设

在这里，我们重点要聊的是《几何原本》一书体现的理性精神。**它的精髓就体现在第一卷给出的 5 条公理和 5 条公设。**

有人说这是数学的 10 块基石，但我觉得这种说法并不是很准确，因为基石仅仅垫在最底层，还需要其他的砖石，才能搭起几何学的大厦。

但其实这 5 条公理和 5 条公设更像《几何原本》的书名中 "Elements" 一词所表达的含义，作为基础元素，相互组合，再加上其他衍生物，就构成了整座欧几里得几何学大厦。

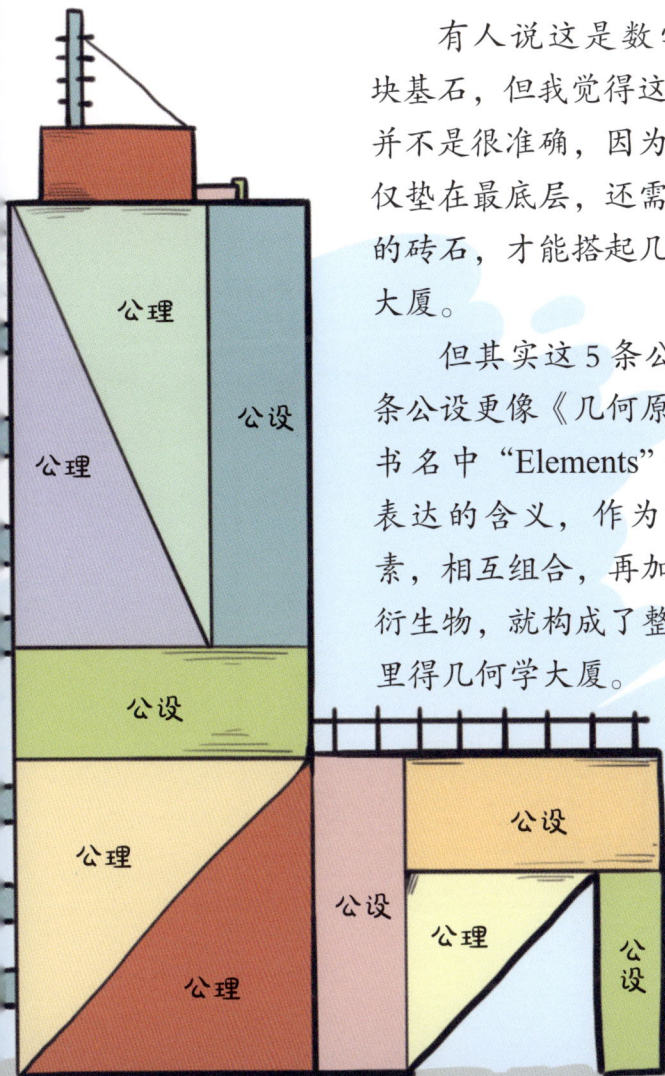

公理

公理

公设

公理

公设

公设

公理

公理

公设

公理

公设

我们一再提到 5 条公理和 5 条公设，它们究竟是什么呢？

公理，就是大家公认不需说明的道理。古希腊人很喜欢在广场上对各种大事小事展开辩论，因而在辩论之前，需要设定一些大家都认可的前提条件，双方承认，就继续辩论；若是不认可，辩论就没法进行下去。

《几何原本》里提到的具有普遍性的 5 条公理分别是：

A_1. **与同量相等的量彼此相等**——如果 $a=b$，$b=c$，那么 $a=c$；

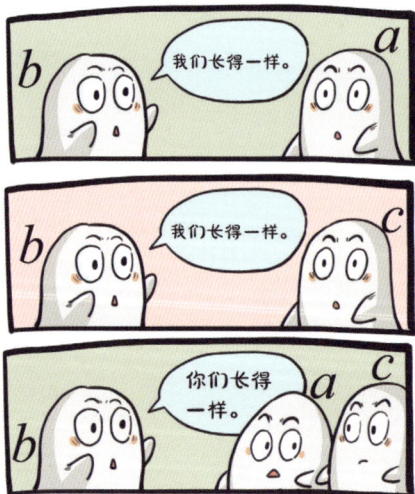

A$_2$. **等量加等量相等**——如果 $a=b$，那么 $a+c=b+c$；

A$_3$. **等量减等量相等**——如果 $a=b$，那么 $a-c=b-c$；

我有个帽子。

我也一样。

我少了一颗牙。

我也一样。

A$_4$. **彼此重合的东西相等**——如果两个东西能够借助平移或旋转等手段完全重合在一起，那么它们就完全相等；

A$_5$. **整体大于部分**。

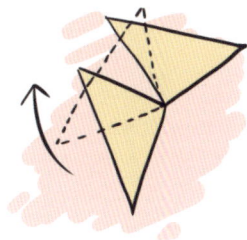

5 条公设则与具体的几何学相关，分别指：

　　P_1. 从任意一点到另任意一点可作一条直线；

　　P_2. 直线可以无限延长；

　　P_3. 以任一点为圆心和任一距离可以作一个圆；

P$_4$. 所有直角彼此相等；

P$_5$. 一直线与两条直线相交，若同侧的两内交角之和小于两直角之和，则这两直线延长后必在该侧相交。

其中第五公设听起来有点儿绕，不太好理解，后来人们通常使用另一种等价的表述方式——过直线外一点，可以作且只能作一条直线与之平行。

以上就是欧几里得公理体系的 10 个基本元素。欧几里得能在《几何原本》开篇就将它们列出来非常不简单。从当代数学的严格性来看，一个完美的公理体系应该具备 3 个性质——自洽性、完备性和独立性。

　　自洽性是指这个公理体系内不能存在矛盾；**完备性**是指公理和公设不能少，如果少了有些命题就无法证明；**独立性**是指公理和公设不能多，如果某一条公理能通过其他一条或几条推导出来，那它就是多余的。不能同时满足这 3 个性质就不能算是完美的公理体系。

所以你看，欧几里得多了不起，他用这不多不少的 10 条基本原理，证明了 465 个命题，后人在此基础上还证明出了更多的几何学定理。

我要强调的是，欧几里得厉害的地方，不在于他证明或记录了众多的命题和定理，而在于他**把这些命题和定理全都建立在 10 条基本的公理和公设的基础之上**。

命题的证明

接下来我们举一些书中的例子，来看他是如何用这些公理和公设来证明命题的。

第一个例子，也是全书第 1 个命题，在一条给定的线段上作一个等边三角形。

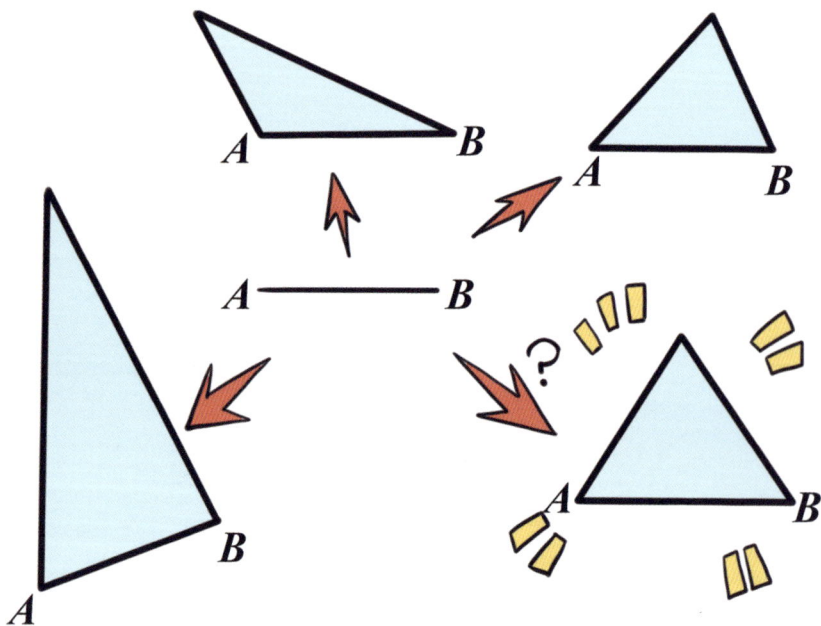

我们假定这条给定的线段是 AB。我们的做法是，分别以点 A、点 B 为圆心，以线段 AB 的长为半径，画两个圆，这两个圆会相交于点 C。

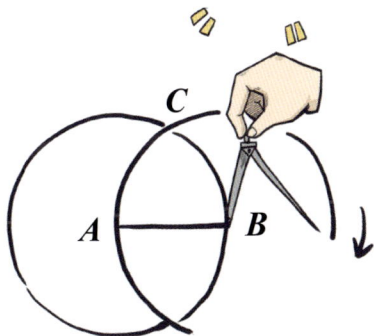

连接 CA 和 CB，这样我们就得到了一个三角形 ABC，这个三角形 ABC 就是等边三角形。

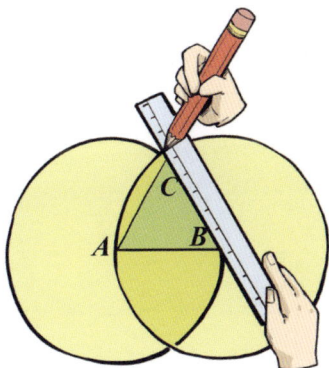

我们一起来想想，这样做的根据。

为什么以点 A、点 B 为圆心，以线段 AB 的长为半径可以画圆呢？因为公设 P_3 说了，以任一点和任一距离可以作一个圆。

为什么我们可以连接 CA 和 CB 呢？因为公设 P_1 说，从任意一点到另任意一点可作一条直线。

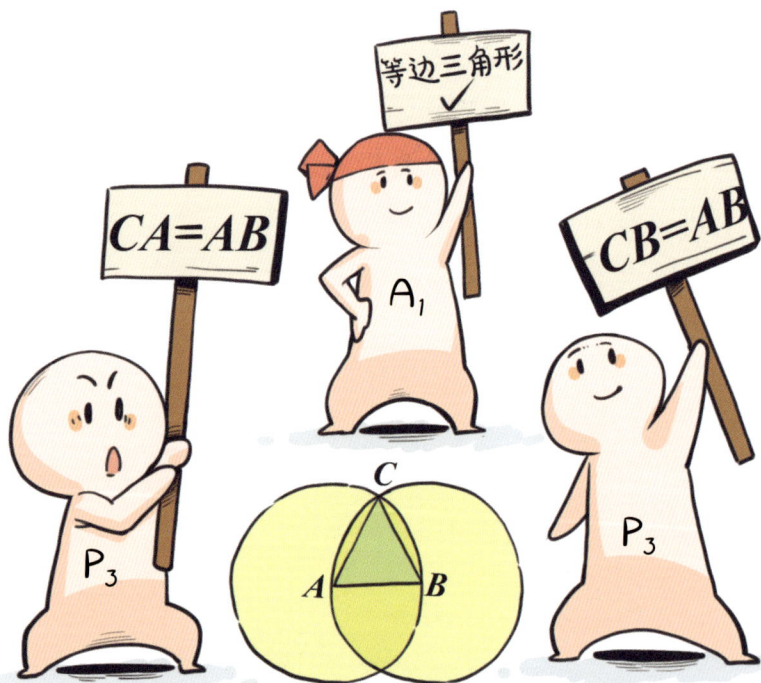

为什么三角形ABC就是一个等边三角形呢?

因为通过公设 P_3 我们可以推导出圆的定义，圆上所有的点到圆心的距离都相等，对我们画出的圆来说，都等于线段 AB 的长度。其实我们中国人也非常聪明，墨子给出的圆的定义就非常简练——圆，一中同长也。

所以 CA=AB，CB=AB。

然后根据公理 A$_1$ "与同量相等的量彼此相等"，就能够得出 $CA=AB=CB$，所以我们作的这个三角形就是一个等边三角形。

　　在证明的最后，欧几里得写了一个 "Q.E.F."。 Q.E.F. 是拉丁文 "quod erat faciendum" 的缩写，意思是 "这就是所要做的"。

　　在数学证明的结尾也可以写上 "Q.E.D."，这是拉丁文 "quod erat demonstrandum" 的缩写，意思是 "这就是所要证明的"。

　　当年我的初中老师要求写 "证毕"，原来是跟欧几里得学的。

第二个例子是书中的第 15 个命题，也很有趣。这个命题是要证明，**若两直线相交，则交成的对顶角彼此相等**。

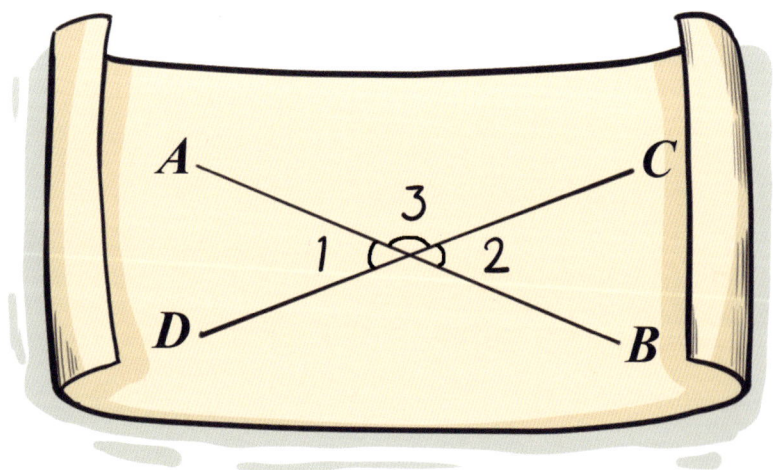

到此时，书中还没有论述一般的角度的概念，但是在这之前的命题 13 里，欧几里得已经证明了直线一侧的角度等于两个直角之和。回到这个命题，我们知道：

角 1 + 角 3 = 2 个直角；

角 2 + 角 3 = 2 个直角。

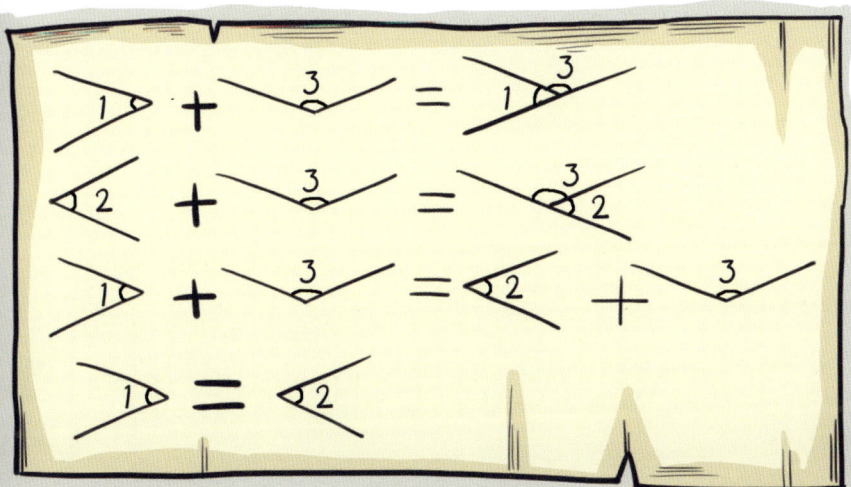

根据公设 P_4 "所有直角彼此相等",和公理 A_1 "与同量相等的量彼此相等",我们就能得到:角 1 + 角 3 = 角 2 + 角 3;

再根据公理 A_3 "等量减等量相等",就可得到角 1 = 角 2。

Q.E.D.

第三个例子的证明难度比前两个要稍微大一些，需要我们证明**存在无穷多个素数**，即不存在最大的素数。

什么是素数？

素数就是指那些只能被 1 和它本身整除的数，也叫质数。例如 3，只能被 1、3 整除，那么 3 就是一个素数。100 以内有 25 个素数。

100以内的素数和合数

素数　合数　其他数

1	2	3	4	5	6	7	8	9	10
11	12	13	14	15	16	17	18	19	10
21	22	23	24	25	26	27	28	29	30
31	32	33	34	35	36	37	38	39	40
41	42	43	44	45	46	47	48	49	50
51	52	53	54	55	56	57	58	59	60
61	62	63	64	65	66	67	68	69	70
71	72	73	74	75	76	77	78	79	80
81	82	83	84	85	86	87	88	89	90
91	92	93	94	95	96	97	98	99	100

素数＝1×素数

合数＝素数×……×素数

素数

合数

我们再看看 4，除了 1 和 4 本身，它还能被 2 整除，所以 4 就不是一个素数，而是一个合数。合数很重要的一个特点就是，它总能被拆分成素数的乘积，例如 $210=2×3×5×7$。

那数学中是否有无穷多个素数呢？

欧几里得说，是。

他要怎么证明呢？

反证法。即假设存在最大的素数 P。

根据这个预设的条件，欧几里得开始推理。

首先他假设存在最大的素数 P，然后构造一个数 N，N 等于所有的素数相乘再加 1。

最大素数P

$N=$素数$\times$素数$\times\cdots\cdots\times P+1$

接着欧几里得**假设 N 是合数**。

如果 N 是合数，那它就一定能被某个素数整除。但是我们已经假设 N 是所有的素数相乘再加 1，这就说明，N 除以任何一个素数，都会存在一个余数 1。

因此，**N 是合数的假设被推翻了**。

矛盾

$$\frac{合数\ N}{素数} = 整数$$

合数

素数

于是，欧几里得又**假设 N 是一个素数**。

如果 N 是一个素数，那它就一定比前面假定的最大素数 P 还要大。这样就和预设的"P 是最大的素数"这一条件相矛盾，因此**这个假设也不能成立**。

假设 N 是合数也不对，假设 N 是素数也不对，那就只能说明最初的假设是不成立的，即**不存在最大的素数 P**。既然没有最大的素数，也就说明素数有无穷多个。

素数无穷的问题就这样被证明了。

在 2300 多年前，能证明一个包含无穷概念的命题，是一件非常伟大的事情。从此之后，人们对几何学的认识不断深入，接连发展出了解析几何、射影几何、画法几何、非欧几何等相关的数学体系。

公理化方法和几何学精神

  我们刚刚简单列举了三个例子，希望能让小朋友们感受到《几何原本》这本书的精彩。

  欧几里得这种**先列出几条基本原理，再以它们为基础、运用逻辑推理说明相关事情**的方法，不仅体现了他对理性的尊崇，而且成为科学写作的典范。

欧几里得的这种公理化方法，还影响到了很多其他学科。

17世纪，法兰西科学院的常任秘书丰特奈尔就曾说过："几何学精神并不是和几何学紧紧捆绑在一起的，它也可以脱离几何学转而应用到别的知识方面去。一部道德的或者政治的或者批评的著作，其他的条件全都一样，如果能按照几何学者的风格来写，就会写得好一些。"

牛顿的《自然哲学之数学原理》、斯宾诺莎的《伦理学》都是按照几何学精神写成的。据说林肯年轻时经常揣着一本《几何原本》。他曾宣称："如果不懂得什么是证明，就绝不可能成为一名好律师。"

笛卡儿也在他的《谈谈方法》中说过，几何学家运用一长串十分简易的推理去证明困难的结果，这种论证精神让他想到，一切事物都能通过这种方法变成人类的知识。

　　甚至美国的开国三杰之一杰斐逊起草的《独立宣言》的开篇就是"我们认为下列真理不言而喻：人人生而平等"，然后以这些真理为前提，一步步论述什么是独立权，为什么要独立等问题，也可以看出受到了《几何原本》的影响。

《几何原本》和中国

正如开篇所说，一直到 19 世纪末，《几何原本》在西方是仅次于《圣经》的，版本最多、流传最广、影响非常深远的著作，它是一代又一代人学习数学最好的入门书。那么它是什么时候传入中国的呢？

《几何原本》在元代就传入了中国。根据元代《秘书监志》记载，当时的司天台（国家天文台）里的藏书中有《兀忽列的四擘算法段数十五部》，曾有学者推测这就是《几何原本》。这里的"兀忽列的"可能是"欧几里得"的音译。但是这些书既没有被译成中文，也没能流传下来。

　　到了明末，有个名为利玛窦的意大利传教士来到中国，认识了一个叫瞿太素的书生。瞿太素原本想要向利玛窦学习炼金术，但是每天的相处让他们开始认真研究起几何学。

　　为了方便学习，利玛窦便和瞿太素一起着手翻译这本欧几里得的《几何原本》的第一卷。之后利玛窦又结识了一位名为徐光启的学者，在后者的建议下，他们开始一起翻译《几何原本》，并在 1607 年出版了前六卷。

　　一直到 1857 年，清末学者李善兰和另一位传教士伟烈亚力才一起完成了《几何原本》后九卷（包括后人附录的两卷）的翻译工作。历经 250 年，欧几里得的《几何原本》在中国始成完璧。

有意思的是，**清代的康熙皇帝也曾学过这本书**。康熙刚刚亲政时就向比利时传教士南怀仁学习过几何学。约 20 年后，他从少年天子成长为一代君王，这个时候他又向法国传教士白晋、张诚等人学习几何学。

据记载，早年康熙向南怀仁学习时，使用的教本就是利玛窦与徐光启的译本。法国传教士讲了几天后，康熙觉得太简单了，自己以前学过，希望尽快地了解几何学中最具必要性、最实用和欧洲最新的知识。

张诚和白晋就向他推荐了法国数学家巴蒂写的另一本《几何原本》。康熙很高兴，觉得巴蒂的教科书简便易学并能快速见成效，后来还令人把自己学习过的教本整理编辑，纳入以皇帝名义颁行的《数理精蕴》中。由此，巴蒂的《几何原本》也逐渐替代了利玛窦和徐光启翻译的《几何原本》。

巴蒂著书与欧几里得著书最大的不同就在于，前者极大地忽略了公理体系的作用，而增加了很多有关实际应用的内容，如各种体积、面积的数据、测量与计算方法等。

从这些历史故事中我们也能看出，欧几里得这种尊崇逻辑和理性的几何学精神，在中国生根之时经历了一个十分艰难的历程。

因此，当初徐光启决定要翻译这本书，是一件很了不起的事。"几何学"这个专有名词也是徐光启借用汉语表示"多少"的固有词汇，再结合"geometry"的音译翻译出来的。在翻译《几何原本》的过程中，徐光启还创造了一整套几何学术语，如点、线、面、锐角、钝角等，这些术语与原书的意思完全吻合，直到今天仍被我们沿用。

徐光启曾评价欧几里得此书："有四不必：不必疑、不必揣、不必试、不必改；有四不可得：欲脱之不可得，欲驳之不可得，欲减之不可得，欲前后更置之不可得。"

锐角
钝角

感觉好复杂。

　　这段话是在称赞《几何原本》的逻辑结构严谨、体系完善，不用去揣测、怀疑它，也不用做任何的改动，直接学习就好。因为没有几何问题能脱离这个体系，也找不到可以反驳的地方，所以里面的任何一条公理都没办法删减，其中的逻辑顺序也不能颠倒。

徐光启还表示，这本书有三个特点和三种能力：它看似深奥，实则清晰，所以能将清其他深奥事物；它看似复杂，实则简单，所以能简化其他复杂事物；它看似困难，实则容易，所以能化解其他困难事物。

　　他最后说："易生于简，简生于明，综其妙，在明而已。"这是在礼赞欧几里得开创的这种公理化方法，这种方法可以解决所有复杂繁难的数学问题，也就是丰特奈尔所说的"几何学精神"。

这么简单。

对《几何原本》的质疑

这本书经历了 2300 多年的考验，培养了一代又一代伟大的科学家，它的思想和精神直到今天依然熠熠生辉。

虽然徐光启说"不必疑""不必揣""不必试""不必改"，但是我们也需要认识到，数学学科在不断发展，用当代数学的眼光来看，《几何原本》也有其局限性。

例如，**书中也存在定义不清晰、不严谨的地方**。

比如提到点和线，书中将点定义为"没有部分"的东西，将线定义为"没有宽"的长。这就很让人疑惑了，什么叫"没有部分"？什么叫"没有宽"？书里还提到，两点确定一条直线，一个定点和一段线段确定一个圆，但是没有说明这条直线和这个圆是不是唯一的。

没有部分。

线

没有宽。

点

公理 A_4 "彼此重合的东西相等"也受到过古希腊人的质疑。

在柏拉图学派看来，重合的过程就意味着运动，运动就意味着借用了物理的概念，对于信奉柏拉图哲学的古希腊人来说，这完全是离经叛道，已经脱离了纯粹理性思维的信条。

公理 A₅ "整体大于部分" 若以集合论的视角来看，则大有问题。

例如在有限的范围内，我们都认为偶数是自然数的一部分，因为自然数包括偶数和奇数；但每一个自然数乘以 2 都会刚好对应一个偶数，也就是说，偶数与自然数可以做到一一对应，所以说它们是一样多的。

出现这个问题的根本原因是涉及 "无穷" 的观念。在欧几里得那个时代，人们对无穷还没有充分讨论过。

　　徐光启当初在翻译《几何原本》时，说这本书"无一人不当学"，但是直到现在，也很少有人会从头开始系统学习这本书。我们的课本里有一些从《几何原本》里推导出来的命题，但是并没有细讲它的推理基础，只需要能够证明并运用就好了。

为什么会这样呢?

华东师范大学教授汪晓勤提到过,这其实和康熙用巴蒂的实用数学书替换欧几里得读本的原因相似——**古今数学教育的目的不同**。

数学观察

数学思考

数学描述

　　我们**现在的教育更加注重数学的实用性**，要教会大家"用数学的眼光观察现实世界，用数学的思维思考现实世界，用数学的语言表达现实世界"，都是为了要将数学和我们的现实世界连接起来。

古希腊人认为，教育的最终目的是培养人们的理性思维。在他们看来，数学是纯粹由智力创造出来的一个自由世界，而这个自由世界和现实世界并没有很密切的联系。

自由世界

数学

现实

那么,《几何原本》一书就真的完全不适合我们现在的教育体系了吗?

并不是，书中包含的很多数学思维方式和解题思路，依然值得我们去学习。

汪晓勤教授也曾举例，有的小朋友觉得画辅助线是一件非常难的事情，有的小朋友觉得数学有很多需要记忆的东西，例如勾股定理。我们现在的教科书常常把它当作一条定理，让大家记住就好。

但其实看过《几何原本》就会知道，我们不用死记硬背这些定理，因为它们都能通过欧几里得提出的这 10 条基本原理一步一步证明出来。而画辅助线的诀窍就藏在这一步步证明之中。

《几何原本》的话题我们就先说到这里。希望小朋友们通过翻阅《几何原本》获得最纯粹的数学乐趣。我们不仅要学习书里呈现的数学方法，也要领悟其中的几何学精神。

　　最后，让我们用欧几里得的方式作为结尾：

Q.E.F.

几何原本

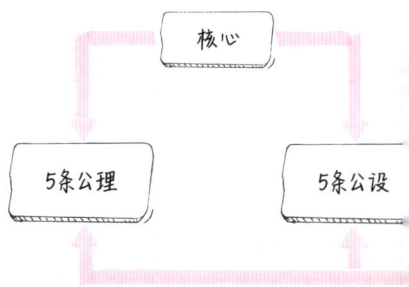

核心

5条公理　　　　　5条公设

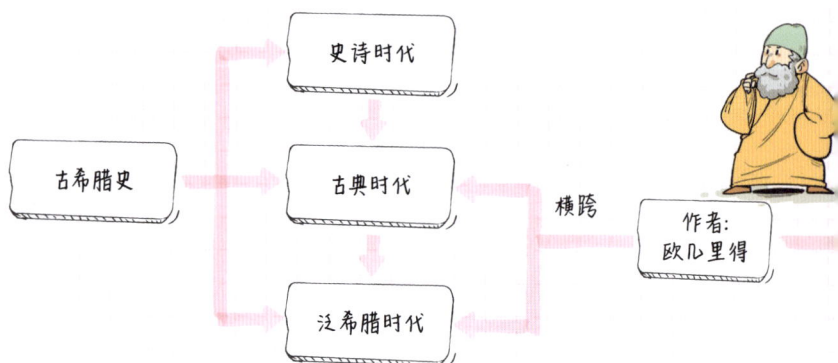

史诗时代

古希腊史　　　古典时代　　　横跨

泛希腊时代

作者：
欧几里得

素数＝1×素数

合数＝素数×……×素数

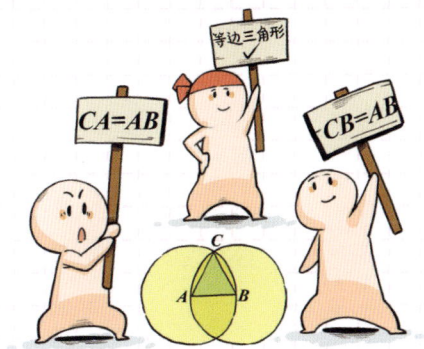

等边三角形 ✓

CA=AB

CB=AB

其他定义、命题

比例论、算数

立体几何

内容

等边三角形的证明

《几何原本》

举例

对顶角相等

传播

元代传入

存在无穷多的素数

明朝翻译

康熙的教材

领读者书系：
科学经典篇
（第一辑）